KATASTROPHEN –
PROGNOSE UND IMAGINATION

DISKUSSIONSFORUM AN DER ÖAW AM 16. NOVEMBER 2018

ÖAW

INHALT

VORTRÄGE

WISSEN UND IMAGINATION

ZUR KULTURELLEN FUNKTION VON KATASTROPHENSZENARIEN

EVA HORN

Der Österreichischen Akademie der Wissenschaften danke ich sehr herzlich für die Einladung, heute zu Ihnen zusammen mit Michael Nentwich zum Thema „Katastrophen" zu sprechen. Es geht um „Prognosen", aber auch um „Imagination". Meine These, die ich Ihnen anhand einiger Beispiele erläutern möchte, ist kurz gesagt die folgende: Imaginationen sind eine ganz bestimmte Form von experimentellem Zukunftswissen, keine direkte Prognose, aber ein Ausleuchten *möglicher Zukünfte*. Beide – Imagination und Prognose – sind Teile eines modernen Managements von Zukunft, das darin besteht, mögliche und vor allem *katastrophische* Zukünfte möglichst konkret zu antizipieren. So können Katastrophen in ihrer Genese und ihrem Ablauf analysiert werden, um

sie in letzter Konsequenz schon in der Gegenwart zu verhindern. Die Frage für mich als Literatur- und Kulturwissenschaftlerin ist, welche Rolle Fiktionen – also Literatur oder Filme – in diesem Zusammenhang spielen können.

Ich beginne mit einer ganz kurzen Filmszene, die Ihnen, wenn Sie einmal in New York waren, vorkommen wird wie eine Traumszene. Man weiß nur nicht, ob Wunschtraum oder Albtraum. Es ist der Vorspann des Films *I Am Legend* (2007). Was Sie sehen, ist ein menschenleeres Manhattan: Pflanzen überwuchern die einst durch den Verkehr verstopften Straßen, Tiere haben sich in dieser Wildnis wieder eingerichtet. Man hört keinen Verkehrslärm mehr, dafür am Union Square Vogelgesang. In dieser vertraut-unver-

trauten Szenerie wohnt ein einziger, letzter Mensch, ein Wissenschaftler namens Dr. Robert Neville, gespielt von Will Smith. Er ist der Überlebende einer großen Pandemie, die die Bevölkerung New Yorks, aber auch den größten Teil der restlichen Menschheit dahingerafft hat. In der verwaisten Stadt hat dieser Letzte Mensch plötzlich Ruhe und Platz. Ungestraft rast er im Sportwagen über Bürgersteige und jagt auf dem Times Square Damwild. Neville ist zugleich Opfer und Zeuge des großen Sterbens. Er ist damit ein spätes Exemplar einer kulturgeschichtlichen Figur mit einer langen Geschichte: das des Letzten Menschen. Der Letzte Mensch hat alles gesehen: die Katastrophe selbst, aber auch ihre Vorgeschichte und die Blindheit, mit der die Menschen in sie hineingestolpert sind. Und schließlich die postkatastrophische, menschenleere Stille, in der er sich einrichten muss. Der Letzte Mensch ist die Figur einer Erkenntnis, die erst nach dem Desaster zu haben ist. Und die immer zu spät kommt.

Die Fiktion einer Erde ohne Menschen ist, so meine ich, symptomatisch für eine aktuelle apokalyptische Fantasie, die vom Mainstreamkino bis zum naturwissenschaftlichen Szenario, vom philosophischen Essay bis zum Roman reicht. Ihr Modus ist das *futurum perfectum*, das Gewesen-sein-Werden, ihr Gegenstand eine „Zukunft als Katastrophe".[1] In ihr verdichtet sich eine seltsame Ambivalenz der Gegenwart in Bezug auf die Zukunft: Die Katastrophe ist gleichermaßen Wunschtraum und Angsttraum, ein Traum jedenfalls, in dem ein Reales zu Tage tritt, von dem wir nicht wissen, ob wir es wünschen oder fürchten sollen. Es ist, als bewegten wir uns auf dünnem Eis – würden aber auch gern wissen, was darunter liegt. Die Gegenwart starrt mit bemerkenswerter Insistenz auf die kommende Katastrophe und das,

was nach ihr kommt, im Kino (von Roland Emmerichs *The Day After Tomorrow* oder *2012* bis Lars von Triers *Melancholia*), in der Literatur (von Cormac McCarthy und Michel Houellebecq bis Kathrin Röggla und Thomas Glavinics Roman von einem über Nacht entleerten Wien, *Die Arbeit der Nacht* [2006]), im populären Sachbuch wie Alan Weismans *The World Without Us* (2007), in Computerspielen oder in der soziologischen Zeitdiagnose (von Ulrich Beck und Harald Welzer bis Peter Sloterdijk und Bruno Latour). Der düsterste Roman der letzten Jahre, Cormac McCarthys *The Road* (2006), eine Geschichte vom Überleben nach dem Ende der Natur, gewann den Pulitzer-Preis und wurde verfilmt. Imaginierte, prognostizierte und antizipierte Störfälle, Katastrophen und Untergangsszenarien bebildern ein Zukunftsgefühl, das ein in den letzten Jahren geradezu epidemisch verwendeter Titel schön auf den Punkt bringt: *Das Ende der Welt, wie wir sie kannten*.[2] Wir lieben es, uns

selbst als Letzte Menschen zu imaginieren.

Die Frage ist, was für ein Zukunftsverhältnis wir damit bearbeiten und welche Rolle mögliche negative Zukünfte dabei spielen. Zukunft, das wäre eine erste (nicht sehr überraschende) These, interessiert uns nur, wenn sie radikal anders ist als die Gegenwart. Die Rückversicherung Swiss Re bringt das schön auf den Punkt: „Zukunft ist keine Frage der zeitlichen Ferne. Zukunft ist das, was sich gravierend vom Gegenwärtigen unterscheiden wird."[3] Zukunft ist ein Bruch in der Kontinuität der Gegenwart, ein Bruch zum Guten oder zum Schlechten. Schon im Wort „Katastrophe" (καταστροφή) ist die plötzliche Wendung nach unten ausgedrückt. Die Moderne hat nun ein Verhält-

[1] Ich habe den Ursprüngen und Spielarten dieser Fantasie ein ganzes Buch gewidmet: Eva Horn, *Zukunft als Katastrophe*. Frankfurt/ Main: Fischer 2014. Dieser Vortrag bezieht sich auf verschiedene Kapitel dieses Buchs.

[2] Claus Leggewie/Harald Welzer, *Das Ende der Welt, wie wir sie kannten. Klima, Zukunft und die Chancen der Demokratie*. Frankfurt/ Main: Fischer 2009; Jared Diamond, *The Ends of the World as We Know Them*, in: *New York Times* vom 1. Januar 2005; Immanuel Maurice

Wallerstein, *The End of the World as We Know It. Social Science for the Twenty-First Century*. Minneapolis: University of Minnesota Press 1999; Daniel Wojcik, *The End of the World as We Know It. Faith, Fatalism and Apocalypse in America*. New York: University Press 1997; Marc Steyn, *America Alone. The End of the World as We Know It*. Washington: Regnery 2006.

[3] Swiss Re: *Risikolandschaft der Zukunft* (2004), 11. Online unter: www.pharma.gally.ch/User Files/File/Risikolandschaft%20der%20 Zukunft%20Swissre.pdf, (abgerufen am 21. 3. 2019).

nis zur Zukunft, welches diese nicht mehr als „adventus", als das, was „auf uns zukommt" versteht, sondern sie aktiv gestaltet. Die Planung von erwünschten und die Prävention von unerwünschten Zukünften sind damit unsere ständige Aufgabe. Wenn die Zukunft „offen" ist, kontingent und planbar, ist ihre Gestaltung nicht nur eine Möglichkeit, sondern eine Verpflichtung. Die Antizipation von möglichen Zukünften durch Imaginationen und Prognosen ist die Voraussetzung dafür.

Was ist nun das historisch Besondere an unserem gegenwärtigen Verhältnis zu katastrophischen Zukünften? Wie unterscheidet sich die Gegenwart in ihrer ambivalenten Fixierung auf kommende Desaster etwa von den apokalyptischen Fantasien des Kalten Krieges? Und welche Funktion können Imagination und Fiktionen dabei haben? Literarische Szenarien von Katastrophen sind, das wäre meine zweite These, weniger als Dystopien oder Alarmismus zu verstehen, sondern vielmehr als Gedankenexperimente, die mögliche Zukünfte gleichsam aus einer Innenperspektive ausleuchten.

Lassen Sie mich zunächst historisch etwas weiter ausholen. In der Apokalypse des Johannes, die den Untergang der Welt und der sie bewohnenden Menschen in imposante und rätselhafte Bilder gebracht hat, ist das Weltende ein Weltgericht: die Zerstörung einer schlechten, ungerechten und korrumpierten Schöpfung zugunsten einer ultimativen Gerechtigkeit und einer neuen Welt. Dieses Schema von einer Erneuerung durch Zerstörung, von einer „besseren Welt" nach dem Untergang der alten, wird zwar immer wieder aufgerufen und schimmert auch in der postapokalyptischen Idylle in *I Am Legend* noch durch. Aber wirklich glaubt keiner mehr daran. Die Moderne hat ein gänzlich säkulares Verhältnis zur Zukunft und damit auch zu den Desastern, die diese Zukunft birgt. Das Ende der Welt – das weiß schon die romantische Untergangspoesie von Jean Pauls *Rede des toten Christus* (1796), Jean-Baptiste Cousin de Grainvilles *Le dernier homme* (1805) über Lord Byrons Gedicht *Darkness* (1816) bis Mary Shelleys *The Last Man* (1826) – findet ohne Gott statt, ohne Jüngstes Gericht, ohne Rettung der Gerechten und Bestrafung der Ungerechten. Es ist eine Verdunklung, auf die kein neuer Morgen und keine Neue Welt mehr folgen. In diesen romantischen Untergangsvisionen taucht eine Gestalt immer wieder auf: der Letzte Mensch, besonders schön ins Bild gesetzt von John Martin (Abbildung 1).

Nicht Gott ist der eigentliche Beobachter der Katastophe, die ganz im Sinne des Wortes ἀποκάλυψις die Enthüllung einer letztgültigen Wahrheit ist, sondern der Mensch. In der Katastrophe, der der Letzte Mensch zugleich als Zeuge und als ihr Opfer beiwohnt, enthüllt sich eine Wahrheit, die im Normalbetrieb der Gegenwart nicht zu haben ist: eine Wahrheit über den Wert der Dinge, die Stabilität von sozialen Bindungen, nicht zuletzt über das Wesen des Menschen. Genau davon handeln Katastrophenszenarien des frühen 19. Jahrhunderts, etwa in Byrons Gedicht *Darkness* (1816), das imaginiert, was nach einem Verlöschen der Sonne auf der Erde passieren würde.[4] Es erscheint mir als beispielhafter Einsatzpunkt eines spezifisch modernen Katastrophenverständnisses, denn es betrachtet den Untergang der Welt nicht als Weltgericht, sondern als rein säkulares Ereignis, mitleidlos und aus der Ferne. Es beginnt als

---

[4] George Gordon Lord Byron: *Darkness* (1816), aus: *Norton Anthology of English Literature*, hg. von Stephen Greenblatt, Bd. 2, New York/London: Norton 2005, S. 616.

Abb. 1: John Martin: The Last Man (1849), Öl auf Leinwand, 214–138 cm.

eine Traumvision – aber eine, deren Fiktionalität sogleich wieder zurückgenommen wird. Die Vision ist nicht einfach eine Träumerei, sondern ein Gedankenexperiment: „Was wäre wenn die Sonne verlöschen würde?"

"I had a dream, which was not all a
  dream.
The bright sun was extinguish'd, and
  the stars
Did wander darkling in the eternal
  space,
Rayless, and pathless, and the icy
  earth
Swung blind and blackening in the
  moonless air;
Morn came and went – and came,
  and brought no day, […]"

Gegenstand des Byron'schen Gedankenexperiments ist nun aber nicht der Kosmos, sondern der Mensch. Mit erbarmungsloser Distanz schildert der Text die Reaktionen der Menschen. Panik und Verzweiflung breiten sich aus, gegenseitige Hilfe wird nicht geleistet. Die Menschheit beginnt, alle verfügbaren Brennstoffe zu verfeuern; Wälder und Häuser gehen in Flammen auf. Damit lösen sich aber auch alle Institutionen sozialer Ordnung auf, Throne und Paläste sind nur mehr Brennmaterial. Es folgt ein Krieg aller gegen alle. Die verzweifelnde Menschheit fällt über Tier und Mensch her, um sich Nahrung zu verschaffen. Es gibt kein Mitleid, keine Solidarität und keine zivilisatorischen Tabus mehr.

"[…] And War, which for a moment
  was no more,
Did glut himself again: a meal was
  bought
With blood, and each sate sullenly
  apart
Gorging himself in gloom: no love
  was left;
All earth was but one thought – and
  that was death
Immediate and inglorious; and the
  pang
Of famine fed upon all entrails – men
Died, and their bones were tombless
  as their flesh;
The meagre by the meagre were
  devour'd, […]"

Byrons Ende der Menschheit ist eine Auflösung jeder Menschlichkeit. Er attackiert damit das positive und rationale Menschenbild der Aufklärung, die den Menschen als vernünftig, mitleidig und verbesserungsfähig gezeichnet hatte. Byrons Katastrophe dient der Enthüllung einer ultimativen Wahrheit über den Menschen als angstvolles, grausames, irrationales Wesen, das sich und seinesgleichen nicht zu helfen weiß. Die Katastrophe reißt dem Menschen die humanistische Maske ab und zeigt ihn – auf dem Prüfstand des Untergangs – als Wesen, das erbärmlicher ist als die Tiere.

Damit lässt sich eine erste Funktion von fiktiven Katastrophenszenarien festhalten: Sie ist eine Enthüllung von Wahrheiten, die unter den Bedingungen der Normalität nicht sichtbar werden können. Die Imagination der Katastrophe – „a dream, which was not all a dream" – dient so als ein fiktionaler anthropologischer Härtetest, in dem ausgelotet wird, was der Mensch, was seine Institutionen, seine Bindungen, seine moralischen Tabus wert sind. Ein literarisches Gedankenexperiment, das in der Monotonie des Blankverses und der Parataxe auch sprachlich eine maximale Distanz zu seinem Gegenstand

herstellt. Die Katastrophe selbst kommt von außen, aber ihr Thema ist der Mensch. Die literarische Katastrophenimagination als fiktives Sozialexperiment zieht sich durch das gesamte 19. Jahrhundert bis in unsere Zeit und ist insofern ein Erbe der Romantik und ihrer Weltverdunklungen.

Im 20. Jahrhundert kommt mit dem Kalten Krieg ein gänzlich neues Element hinzu: das Bewusstsein, dass der Mensch nicht nur Opfer, sondern auch *Verantwortlicher* der Katastrophe ist. Durch die mit Nuklearwaffen gegebene Möglichkeit, große Teile der Welt – wenn nicht die ganze Erde – unbewohnbar zu machen, wird der Mensch zum Akteur der Katastrophe. „Die Bombe", wie sie von den Philosophen der 1950er- und 1960er-Jahre genannt wird, ist der Inbegriff einer neuen Macht des Menschen über seine Zukunft oder auch über den gänzlichen Ausfall von Zukunft. Der österreichische Philosoph Günther Anders beschreibt dieses neue Zukunftsverhältnis, das sich mit dem Atomkrieg ergibt, so:

„Die Zukunft ‚kommt' nicht mehr; wir verstehen sie nicht mehr als ‚kommende'; *wir machen sie.* Und zwar machen wir sie eben so, dass sie ihre eigene Alternative:

die Möglichkeit ihres Abbruchs, die mögliche Zukunftslosigkeit, in sich enthält. Auch wenn dieser Abbruch nicht morgen schon eintritt – durch dasjenige, was wir heute tun, kann er übermorgen eintreten oder in der Generation unserer Urenkel oder im ‚siebten Geschlecht'."[5]

Nicht *ob* der Atomkrieg je stattfindet, sondern *dass* die Selbstvernichtung der Menschheit *möglich ist*, ist für das neue, mit dem Kalten Krieg einsetzende Zukunftsverständnis der Moderne der springende Punkt. Die Katastrophe liegt in den Händen der Menschheit. Imaginiert wird es in einer immer wieder aufgerufenen Figur, die in Filmen wie *Dr. Strangelove* (1964), *On the Beach* (1957) oder *Fail-Safe* (1964) immer wieder beschworen wird: dem „Knopfdruck", mit dem durch eine einzige Entscheidung – oft genug ein Missverständnis oder eine pure Dummheit – ein weltweiter Atomkrieg ausgelöst wird. Der Knopfdruck ist damit ein Ausdruck nicht nur menschlicher Zerstörungskraft, sondern auch menschlicher Entschei-

---

[5] Günther Anders: *Die Antiquiertheit des Menschen. Über die Seele im Zeitalter der zweiten industriellen Revolution* [1956], Bd. 1, München: Beck 1961, S. 16.

dungsmacht: eine einzige Person, ein Ort und ein Zeitpunkt, an dem die Entscheidung zur Vernichtung der Welt fällt. Dabei ist dies eine Imagination, die nicht nur Filme inspiriert, sondern auch die tatsächliche Logik der Abschreckung. Das berühmte Abschreckungskalkül MAD *(Mutually Assured Destruction),* auf dem das Gleichgewicht des Schreckens im Kalten Krieg lange beruhte, kann so als eine Katastrophenimagination verstanden werden, die die reale Strategie des Kalten Krieges unmittelbar prägte.[6]

Das große Pathos, mit dem die Intellektuellen der Mitte des 20. Jahrhunderts die Möglichkeit der Selbstvernichtung der Menschheit beschworen haben, ist heute verflogen – auch wenn es heute kaum weniger Atomwaffen gibt. Im Rückblick erscheint der Kalte Krieg tatsächlich im Bann einer Imagination, die den Nuklearkrieg am Ende dadurch verhindert hat, dass sie ihn ständig imaginativ vor Augen gestellt hat. Der berühmte

„Knopfdruck" aber, die Fantasie einer einsamen Entscheidung für oder gegen den Krieg, erscheint uns heute von geradezu tröstlicher Überschaubarkeit. Ein Ort, ein Zeitpunkt, eine Entscheidung: Genau das gibt es in den gegenwärtigen Katastrophenszenarien gerade nicht mehr. Was also ist das Spezifische des heutigen Verhältnisses zu Katastrophen? Wir gehen grundsätzlich noch immer davon aus, dass die Desaster, die uns überfallen – sogar die Naturkatastrophen – grundsätzlich vom Menschen zu verantworten sind. Aber die Varianten der selbst gemachten Desaster, die uns überfallen könnten, haben sich ins Unüberschaubare vermehrt. Eine Grafik aus *National Geographic* von 2009 macht das schön deutlich. Unter der Überschrift „How to survive (almost) anything" listet sie eine lange Folge von möglichen Desastern auf, eine bunte Mischung aus Naturkatastrophen, Terroranschlägen, technischen Unfällen oder weltweiten Pandemien. Etliche Bücher der letzten Jahre widmen sich sogenannten „X-Events", möglichen *Worst-Case*-Szenarien von Marktzusammenbrüchen, Ausfall des Internets, Anschlägen mit *Dirty Bombs,* Migrationsströmen, technischen Großunfällen, Umweltkatastrophen, Folgen

des Klimawandels und so weiter (Abbildung 2).[7]

Es ist genau diese Diffusion und Beliebigkeit der Katastrophe, die unsere Gegenwart kennzeichnet. Wusste man im Kalten Krieg noch, wie der *Worst Case* aussehen würde, so wissen wir heute überhaupt nicht, was uns treffen könnte. Die Fülle der imaginierten Desasterszenarien hinterlässt uns mit einem Gefühl der diffusen Bedrohtheit, aber auch der vollkommenen Ratlosigkeit. Der neue Begriff „Anthropozän", der die tiefgreifende Veränderung des gesamten Erdsystems durch die Einwirkungen des Menschen auf den Punkt bringt, ist ein Kürzel für dieses Wissen um die Katastrophenträchtigkeit unserer Gegenwart.

Die wachsende Masse an Katastrophenfilmen und -romanen der letzten zwei Dekaden erklärt damit eine weitere Funktion der Katastrophenimagination. Fiktionale Desaster sind Konkretisierungen dessen, was schlimmstenfalls passieren könnte. Es sind Situationen eines „Was wäre, wenn …?". Sie versuchen, einen bestimmten Typus von Ereignis und dessen Ablauf so detailliert wie mög-

---

[6] Eva Horn: *The Apocalyptic Fiction. Shaping the Future in the Cold War,* in: Benjamin Ziemann / Holger Nehring (Hg.): *Understanding the imaginary war: Culture, thought and nuclear conflict, 1945–90,* Manchester University Press 2016, S. 30–50.

---

[7] John Casti: *X-Events. The Collapse of Everything,* New York: Morrow 2012.

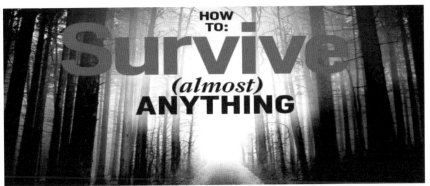

8 Black Swans*: It's the one-year anniversary of the financial meltdown, ***a low-probability, high-impact event** or "black swan" that hardly anybody thought about ahead of time. Well, we've been thinking. In the spirit of not getting caught off guard again, we uncovered a few more never-say-never scenarios. Don't say we didn't warn you.

A Tsunami Hits the Northwest
Could a 680-mile fault line running off the West Coast unleash a 2004-scale tsunami right here at home?

Drought: West Runs Dry
The American West is drying up fast. And the next megadrought may bring on the Super Dust bowl.

An Avalanche Strikes ... Inbounds!
Will climate change bring more slides to a ski area near you?

Megafires Ignite the Backcountry
Wildfires have become ever more unpredictable. Could big blazes turn into a common hiking hazard?

A Pandemic Traps You Overseas
Swine flu? Pffft. Epidemiologists are bracing for a far more lethal bugàone that'll stop global travel in its tracks.

The Power Grid Crashes
America's power supply is primed for an end-of-days blackout.

Abb. 2: How to survive (almost) anything. National Geographic, Screenshot.

lich auszumalen, um die ihn bestimmenden Faktoren und Einflüsse so genau wie möglich zu verstehen. Die Einsicht, die viele Katastrophennarrative vermitteln, sind oft weniger die postapokalyptische Stille oder auch das schrille Desaster, sondern die Vorgeschichten: in den Wind geschlagene Warnungen, mangelndes Misstrauen gegenüber technischen Neuerungen, übersehene Gefahrenhinweise. Es sind diese Anfänge von Katastrophengeschichten, die direkt zur Gegenwart sprechen.

So wie Unfallprävention und strategische Planung die sogenannte Szenariotechnik einsetzen, um etwa die Verkettung von Faktoren in einem Unfallgeschehen schon im Vorhinein analysieren zu können,[8] ermöglichen fiktionale Katastrophenszenarien, einen Ausnahmezustand nicht nur abstrakt zu beschreiben, sondern beobachtbar und sogar „miterlebbar" zu machen. Der Vorzug einer bestimmten, häufig verwendeten Erzähltechnik ist dabei, durch die interne Fokalisierung auf einzelne Protagonisten eine Innenperspektive auf das Desaster zu erlauben. Dies bewirkt Identifikation und bringt Affekte wie Angst, Hoffnung, Anspannung, aber auch Heldenmut gleichsam stellvertretend durch die Protagonisten hervor. In der Diffusion der denkbaren Desaster ermöglichen Katastrophenimaginationen also eine Vorstellung davon, was es hieße, dem ausgesetzt zu sein – aber nicht zuletzt auch, dass man es überleben kann. Denn die meisten solcher Narrative lassen die wenigen Protagonisten, mit denen man sich identifiziert, überleben. Am Ende eignet ihnen also nicht selten eine tröstliche Funktion: Sie lassen uns glauben, dass man das alles am Ende irgendwie doch übersteht.

Dass das nicht immer so sein muss, aber trotzdem funktionieren kann,

---

8   Falko Wilms: *Szenariotechnik. Vom Umgang mit der Zukunft*, Bern: Haupt Verlag 2006.

möchte ich noch kurz an einem Beispiel erläutern. Einer der vielleicht eindrucksvollsten, auf jeden Fall aber erfolgreichsten Katastrophenromane der jüngsten Zeit ist Cormac McCarthys *The Road* (2006).[9] Der Roman erzählt von einer Welt, die kaum anders ist als die Byrons, nur dass hier die Menschen nicht im distanzierten Kollektivsingular betrachtet werden, sondern Individuen im Vordergrund stehen. Das Katastrophenszenario ist das folgende: Nach einem nicht genauer bezeichneten Desaster ist der Himmel verdunkelt, das Wetter eisig und die gesamte Vegetation abgestorben. Ein Mann wandert mit seinem kleinen Sohn durch eine restlos zerstörte Landschaft irgendwo im Osten Nordamerikas. Sie sind auf dem Weg in den Süden und zur Küste, in der Hoffnung, dass es dort wärmer sei. Alle Pflanzen sind verbrannt, es regnet Asche, es ist düster und kalt. Die wenigen anderen Überlebenden jagen in Banden Menschen, die sie einfangen und verzehren. Die einzige Sorge des Vaters gilt dem Schutz seines Sohnes. Immer wieder muss er sich und ihn gegen Kannibalen ver-

teidigen, sich verstecken und fliehen; immer wieder muss er anderen Personen Hilfe verweigern, obwohl der Sohn ihn darum bittet, zu helfen. Und immer wieder verständigen sich Vater und Sohn darüber, dass sie nicht wie jene werden, die andere Menschen wie Tiere schlachten. Am Ende des Romans stirbt der Vater an Erschöpfung. Das Kind wird von einer anderen Familie aufgenommen – und es bleibt offen, was weiter mit ihm geschieht. Wärmer jedenfalls wird es nicht.

Was McCarthys düsteren Roman so erfolgreich gemacht hat, ist die anrührende Innenperspektive, mit der er den Überlebensversuch von Vater und Sohn in einer unlebbar gewordenen Welt ausleuchtet. Der größte Teil des Romans nimmt die Perspektive des Vaters ein; und erst als dieser stirbt, merkt man, dass die Fokalisierung nicht ausschließlich an ihn gebunden war, sondern dass aus einem seltsamen Nirgendwo heraus erzählt wird. Das Überleben der sympathischen Kleinfamilien, die in den Katastrophen-Blockbustern etwa eines Roland Emmerich immer noch gerettet werden, gibt es bei McCarthy nicht.

Der Erfolg des Romans beruht aber auch auf einem kalkulierten Miss-

verständnis: Da McCarthy es sorgsam vermeidet, die Katastrophe genauer zu benennen, die die Welt so unbewohnbar gemacht hat, konnte der Roman als Öko-Parabel gelesen werden, als „the most important environmental book ever"[10]. Denn die Beschreibung, was in der postkatastrophischen Welt des Romans genau passiert ist, bleibt vage: "The clocks stopped at 1:17. A long shear of light and then a series of low concussions. He got up and went to the window."[11] Sehr viel deutlicher dagegen werden die Folgen benannt: eisige Kälte, Schnee, Frost, eingetrübtes, fahles Licht. "The land was gullied and eroded and barren. The bones of dead creatures sprawled in the washes. Middens of anonymous trash. Farmhouses in the fields scoured of their paint and the clapboards spooned and sprung from the wallstuds. All of it shadowless and

---

[9] Cormac McCarthy: *The Road*, New York: Alfred A. Knopf 2006. Cormac McCarthy: *Die Straße*, Reinbek bei Hamburg: Rowohlt 2007.

[10] George Monbiot in *The Guardian*, 5. Januar 2008. Der *Guardian* nahm McCarthy in die Liste der „50 people who could save the planet" auf. http://www.guardian.co.uk/environment/2008/jan/05/activists.ethicalliving (abgerufen am 23. 3. 2019).

[11] Cormac McCarthy, *The Road*, New York: Picador 2006, S. 45.

without feature."[12] Es muss intensive Brände gegeben haben, die den Asphalt der Straßen zum Schmelzen brachten. Nichts wächst, Tiere und Menschen sind überwiegend verhungert. Während in postapokalyptischen Szenarien wie in Weismans *The World Without Us* das tröstliche Bild einer Natur entsteht, die sich ihren Raum zurückerobert, ist in McCarthys Winter *die Natur selbst vernichtet.*

Damit spielt der Roman auf einen Katastrophendiskurs an, der zugleich sehr präzise, aber in seinen konkreten Folgen noch immer kaum vorstellbar ist: den Klimawandel. Was im Roman passiert ist, ist ganz offensichtlich eine drastische Störung des Weltklimas. Diese Störung besteht aber nicht in der globalen Erwärmung. Vielmehr geht es um ein Abkühlungsszenario, das vom Nobelpreisträger Paul J. Crutzen mitentwickelt wurde, den nuklearen Winter. Es diente dazu, die ökologischen und klimatischen Konsequenzen eines Atomschlags genauer ermessen zu können, hat aber auch wichtige grundlegende Einsichten zu den Funktionsmechanismen der Atmosphäre geliefert. Nach einem

großflächigen atomaren Angriff, so die Prognose, würden durch Großfeuer entstandene Asche- und Rußpartikel noch über Jahre hinweg das Licht trüben und damit jegliches Pflanzenwachstum unmöglich machen.[13] Solche Brände sehen die Romanfiguren am Anfang der Katastrophe. Ohne dies ausdrücklich zu sagen, lässt McCarthy keinen Zweifel daran, dass sein Desaster keine Naturkatastrophe ist, sondern menschengemacht. Zwar versuchen die Protagonisten des Romans diesem Winter zu entkommen, aber es gibt kein „Außen" dieses Wetters, keine Grenze dieses Klimas. Am Ende stehen sie am toten, kalten Meeresufer, einige Hundert Meilen weiter südlich – und es ist nicht wärmer oder irgendwie besser geworden. Der Winter ist überall.

Es ist bezeichnend, dass dieses wohl eindrücklichste Buch unserer Zeit über eine Klimakatastrophe nicht auf ein Szenario der globalen Erwärmung zurückgreift, sondern auf ein Szenario des Winters. Winter ist Schutzlosigkeit, Knappheit, eine

Situation, in der alles davon abhängt, sich einen Raum der Wärme und Versorgung zu sichern. Winter ist die radikale Verschärfung sozialer Konkurrenz, Winter ist Regression in urmenschliche Verhältnisse. Und das ist es, was wir in Katastrophen erwarten. Erwärmung dagegen ist – zumal in unseren mittleren Breiten – kaum als Katastrophe vorstellbar. Vor allem aber ist die langsame Erwärmung der letzten 200 Jahre, die die Klimaforschung heute beobachtet, kaum als *Ereignis* darstellbar. Klimawandel und viele andere massive Transformationen des Erdsystems, die gegenwärtig unter dem Begriff „Anthropozän" summiert werden, sind keine Katastrophen mit einem großen Knall. Es sind Katastrophen ohne Ereignis. Anders als beim Szenario des nuklearen Winters, auf das McCarthy anspielt, gibt es für die globale Erwärmung keinen Zeitpunkt des Eintretens, nur ein schleichendes Geschehen mit weltweit sehr unterschiedlichen Auswirkungen. So wie unklar ist, wer und wo die Opfer des Klimawandels sein werden, ist es auch unklar, wer die Täter sind. Bei Licht betrachtet, sind wir alle zugleich, wenngleich in höchst unterschiedlichem Maße, Schuldige, Opfer und Zeugen einer ereignis-

---

[12] Ebenda, S. 149.

[13] Paul J. Crutzen / John W. Birks, *The Atmosphere after a Nuclear War: Twilight at Noon*, in: *Ambio*, Vol. 11, No. 2/3: *Nuclear War: The Aftermath* (1982), S. 123–124.

losen Katastrophe, deren Ausmaß wir nicht kennen. Genau darum gibt es keinen McCarthy oder Byron des *Global Warming*. Wir starren auf Bilder der Kälte, um sichtbar zu machen, was die Wärme vielleicht anrichten könnte.

Imaginierte Katastrophen, das hoffe ich deutlich gemacht zu haben, bilden mögliche Desaster nicht einfach ab. Sie entwerfen sie eher wie eine Versuchsanordnung und sie tun das nicht selten, wie wir bei McCarthy sehen, um den Preis einer signifikanten Verschiebung. Diese Verschiebung könnte man mit einem Ausdruck aus Freuds *Traumdeutung* eine „Rücksicht auf Darstellbarkeit" nennen: Es ist eine Veränderung, die gewährleistet, dass eine Katastrophe überhaupt als solche imaginiert werden kann. Klimawandel ist eine profunde Veränderung unserer Lebensgrundlagen und der etlicher anderer Lebensformen. Die Veränderung des Planeten, deren Zeitgenossen wir sind, ist aber eine latente, schleichende, ereignislose Katastrophe, kein plötzlich über uns hereinbrechender Untergang. Das Wissen von ihr ist komplex und abstrakt, es können kaum allgemeingültige Prognosen gemacht, sondern nur einzelne, lokal stark divergierende Situationen ausgemalt werden.

Genau diese Schwierigkeit, sich eine Katastrophe ohne Ereignis vorzustellen, erzeugt eine Haltung, die der Philosoph Jean-Pierre Dupuy als eine Spannung zwischen *Wissen* und *Glauben* beschrieben hat:

„Angenommen, wir sind sicher oder fast sicher, dass die Katastrophe vor uns liegt [...]. Das Problem ist, dass wir das nicht glauben. Wir glauben nicht, was wir wissen. [...] Alles weist darauf hin, dass wir unsere gegenwärtige Entwicklung nicht endlos werden fortführen können, weder räumlich noch zeitlich. Aber all das in Frage zu stellen, was wir mit dem Fortschritt in Verbindung zu bringen gelernt haben, hätte so phänomenale Folgen, dass wir das nicht glauben, von dem wir doch wissen, dass es der Fall ist. Es gibt hier keine Unsicherheit, oder jedenfalls nur sehr wenig. Unsicherheit ist bestenfalls ein Alibi. Aber sie ist kein Hindernis, ganz sicher nicht."[14]

Die aktuelle Faszination für Katastrophen und für ein mögliches Ende der Menschheit, der seltsame Genuss an posthumanen und postapokalyptischen Szenarien, so scheint mir, hat genau mit dieser Struktur zu tun, zu *wissen, aber nicht zu glauben*. Wir lesen Sachbücher über das Anthropozän und den Klimawandel, wir hören Nachrichten von schmelzenden Polkappen und verschwindenden Arten, wir fragen uns, ob der letzte kräftige Sturm eine Folge des Klimawandels ist oder einfach nur ein Sturm. Und wir trennen unseren Müll nicht mehr ohne den schmeichelhaften Gedanken, dadurch (wie uns etliche Ratgeber suggerieren) „die Welt zu retten". Aber – das wäre meine letzte These – diese theoretische Beschäftigung ist eine Form der Externalisierung eines Wissens, an das wir eigentlich *nicht glauben*. Das Starren auf die Katastrophe entlastet von der schwierigen individuellen und kollektiven Aufgabe, angesichts der schleichenden Transformation unserer Welt *zu handeln*. Denn es ist schwer, überhaupt zu bestimmen, was „Handeln" sein könnte: eine Revolte gegen eine Politik, die Nachhaltigkeit für einen Nebenaspekt des Tourismus hält? Tugendhaftes Fahrradfahren und Fleischverzicht? CO_2-Steuer und damit das Ende billiger Fernflüge? Und wen soll man überhaupt adressieren? Es gibt kein klar bestimmbares Subjekt eines solchen Handelns: die

---

[14] Jean-Pierre Dupuy, *Pour un catastrophisme éclairé. Quand l'impossible est certain*, Paris: Seuil 2004, 141f. und 144f. Übersetzung E. H.

„Industrienationen" (so der IPCC), der „Kapitalismus" (Harald Welzer, Jason Moore) oder gar der „kinetische Expressionismus" (Peter Sloterdijk) – oder wir alle, die wir heizen, reisen, konsumieren? Im Kalten Krieg (so erinnere ich mich, als ich als Schülerin gegen die Nachrüstung in Europa auf die Straße ging) wusste man irgendwie noch, wo die Schuldigen standen. Heute würde die Aufgabe überhaupt erst einmal darin bestehen, eine politische Einheit zu konstituieren, die in der Lage wäre, die Verantwortlichkeit für eine Veränderung zu übernehmen, die so groß und so gravierend ist, dass wir sie kaum wahrnehmen können.

Hier können, das wäre meine These, Katastrophenimaginationen nicht nur helfen, die Dinge konkreter zu machen, Bilder, Narrative und Szenarien zu liefern, um unseren Möglichkeitssinn zu schärfen. Sie können auch dazu beitragen, etwas affektiv zu begreifen, etwas, wie man so schön umgangssprachlich sagt, „an uns heranzulassen", was wir uns zwar vorstellen können, aber an das wir nicht als eine gegebene Möglichkeit glauben wollen. Etwas, das wir *wissen, aber nicht glauben* – und genau deshalb nicht in der Lage sind, danach zu handeln oder es in die For-

derungen aufzunehmen, für die wir bereit wären, auf die Straße zu gehen. Dass CO_2-Steuern politisch nicht einmal diskutiert werden, liegt auch daran, dass niemand sie haben will, auch nicht die umweltbewussten, aufgeklärten BürgerInnen. Statt von einer sanft vom Menschen befreiten Erde zu träumen, wäre die Aufgabe, Fiktionen eben jenen heuristischen Wert zuzuschreiben, den auch wissenschaftliche Szenarien haben. Es würde bedeuten, sie nicht als „bloße Fiktion" zu behandeln, sondern sie eher als Prophezeiungen oder Warnungen zu verstehen. Sie könnten uns dann nicht nur in einer ganz praktischen Weise darüber aufklären, was uns möglicherweise bevorsteht. Vor allem könnten sie uns helfen, endlich zu glauben, was wir längst wissen.

EVA HORN

Derzeitige Position

- Professorin für Neuere deutsche Literatur und Kulturwissenschaft am Institut für Germanistik der Universität Wien

Arbeitsschwerpunkte

- Deutsche Literatur der Moderne in ihrem zeitgeschichtlichen und wissenshistorischen Kontext
- Literatur und politisches Geheimnis im 20. Jahrhundert, Krieg, Feindschaft
- Katastrophenszenarien und Fiktion
- Das Anthropozän, Klima und Klimawandel

Ausbildung

2004	Habilitation an der Fakultät für Kulturwissenschaften der Europa-Universität Viadrina, Frankfurt/Oder
1996	Promotion im Fach Neuere deutsche Literaturwissenschaft, Universität Konstanz
1984–1991	Studium Germanistik, Allgemeine Literaturwissenschaft, Romanistik und Philosophie in Bielefeld, Konstanz und Paris

Werdegang

Seit 2009	Professorin am Institut für Germanistik der Universität Wien
2005–2009	Professorin am Deutschen Seminar der Universität Basel
2002–2003	Visiting Scholar am German Department der New York University
1999–2005	Hochschulassistentin an der Fakultät für Kulturwissenschaft, Europa-Universität Viadrina, Frankfurt/Oder

Weitere Informationen zur Autorin sowie zur Liste der Veröffentlichungen finden Sie unter:
https://www.univie.ac.at/germanistik/eva-horn/

KATASTROPHEN AUS SICHT DER TECHNIKFOLGEN-ABSCHÄTZUNG

MICHAEL NENTWICH[1]

Sehr geehrte Damen und Herren!

Einleitend kurz zu meiner Perspektive, der Technikfolgenabschätzung (TA): TA ist ein breites Forschungsfeld, das interdisziplinär arbeitet und die möglichen Folgen, sowohl positive als auch negative, sowohl Chancen als auch Risiken, im Blick hat. Es ist Forschung mit hohem Anwendungsbezug: Die Anwendung der Ergebnisse soll insbesondere durch Politik und Gesellschaft erfolgen – immer dann, wenn es um den konkreten und zukunftsorientierten Umgang mit neuen Technologien geht.

Der Hauptgegenstand von TA sind also nicht Katastrophen. Wir betreiben keine Katastrophenforschung. Die gibt es natürlich auch: Der geisteswissenschaftliche Zugang von Eva Horn wurde gerade eindrucksvoll vorgestellt. Charles Perrow gilt mit seinem Buch *Normale Katastrophen* (1987) in den 1980er-Jahren als Begründer der sozialwissenschaftlichen Katastrophenforschung. Ihm sind noch heute lesenswerte und gültige Einsichten zu verdanken. Er spricht von Hochrisikosystemen aufgrund der Kombination von hoher Komplexität, hoher Koppelung der Komponenten und hohem Schadenspotenzial. Die TA beschäftigt sich hingegen im Forschungsalltag mit technisch induzierten Folgen für uns alle, mit Technik in der Gesellschaft – es geht

uns also um soziotechnische Systeme, weil Technik nicht unabhängig von der Gesellschaft ist, in der sie erdacht, entwickelt und angewendet wird. In den meisten Projekten geht es um viel Kleinteiligeres als um das Potenzial von Technik, Katastrophen auszulösen – etwa um die Frage, ob Lieferdrohnen Wildtiere gefährden, ob Roboter das Potenzial haben, Pflegekräfte zu ersetzen, ob Betreiber von Onlinespielen die Privatsphäre der SpielerInnen respektieren oder ob bestimmte Nanopartikel die Blut-Hirn-Schranke überwinden können.[2] Bei einigen Themen lauern freilich, gleichsam im Hintergrund, Vorstel-

---

[1] Mit großem Dank an meine KollegInnen vom ITA für ihre wertvollen Inputs, insbesondere an Helge Torgersen.

[2] Siehe dazu diverse Projekte am Institut für Technikfolgenabschätzung der ÖAW: oeaw.ac.at/ita/projekte/.

lungen von katastrophalen Folgen, vielleicht besser als „Dystopien" bezeichnet. Nehmen wir die frühe Debatte rund um die Nanotechnologie: Da gab es das Schreckensszenario von Eric Drexler des *Grey Goo* – außer Rand und Band geratener Nanopartikel, die alles in sich selbst umwandeln, bis die ganze Welt in einer grauen Masse endet (Drexler 1986). Neuere, technikbezogene Katastrophenszenarien finden sich vor allem im Zusammenhang mit der Digitalisierung: Von vielen herbeigesehnt wird die sogenannte Superintelligenz oder Singularität, von anderen wird sie als Dystopie betrachtet: Damit ist gemeint, dass die rasante Entwicklung der künstlichen Intelligenz (KI) in wenigen Jahrzehnten zu einer Unterlegenheit der menschlichen Intelligenz in jeder Hinsicht führen würde – mit der möglichen Folge, dass die superintelligenten Maschinenwesen die Menschen zunächst versklaven, später vielleicht sogar ausrotten könnten (Brundage et al. 2018). Von vielen als ernste Bedrohung der Demokratie – und damit als potenzielle soziale Katastrophe – werden heute die Manipulationsmöglichkeiten in den sozialen Medien des Internets gesehen: Hass und Lügen im Netz, *Deep Fakes*, das Ende der öffentlichen

Anonymität, *Digital Nudging*, politisches *Microtargeting, Bots* und so weiter. stellen in der Tat ein Schreckensszenario dar – vor allem wenn sie mit allgemeinen politischen Entwicklungen zusammen gedacht werden, zum Beispiel extremistischen, populistischen, autoritären sowie illiberalen Tendenzen.[3] Ebenfalls als potenzielle soziale Katastrophe können die in Algorithmen eingeschriebenen systematischen Fehler und Voreingenommenheiten angesehen werden, da diese mittlerweile in fast allen Lebensbereichen zum Einsatz kommen, vom Gesundheitsbereich über den Finanzsektor bis zum Bildungssystem und zum Arbeitsmarkt.[4]

Was kann nun die TA in dieser Hinsicht leisten? Das Hauptcharakteristikum von Katastrophen ist ja zunächst deren Unbeeinflussbarkeit; man kann nur versuchen, sie erst gar nicht eintreten zu lassen, das heißt ihren Entstehungsbedingungen frühzeitig entgegenzutreten, wenn

---

[3] Vergleiche dazu die Foresight- und TA-Monitoringberichte für das österreichische Parlament: parlament.gv.at / SERV / STUD / FTA / .

[4] Siehe dazu jüngst etwa die Debatte um einen Algorithmus des österreichischen Arbeitsmarktservice: futurezone.at / netzpolitik / der-ams-algorithmus-ist-ein-paradebeispiel-fuer-diskriminierung / 400147421.

man sie herannahen sieht. Dabei hilft der Blick auf vergangene, ähnlich geartete Katastrophen. Idealerweise kann eine Ursache-Wirkungs-Beziehung hergestellt werden. Deren Entstehungsbedingungen werden mit den Bedingungen verglichen, die heute herrschen, und es wird auf die Möglichkeit einer neuen Katastrophe geschlossen. Es geht also darum, diese Ursachen zu ergründen.

Anders als in der Zeit vor der Aufklärung, als Katastrophen in der Regel Göttern zugeschrieben wurden, sieht die TA eine ihrer Aufgaben darin, Katastrophendrohungen mit geballtem wissenschaftlichen Sachverstand zu begegnen und sie auf ihre Plausibilität hin abzuklopfen. Da es sich bei Katastrophendrohungen um Aussagen *pro futuro* handelt, also um Prognosen, sind Aussagen darüber meist probabilistisch und außerdem von Bedingungen abhängig, die vielfach technisch beeinflusst werden können. TA tritt an, Aussagen zu treffen, unter welchen Bedingungen – wenn also diese oder jene Option gezogen würde – eine Katastrophe weniger wahrscheinlich wäre. TA trägt somit zur Risiko-Governance bei, zum gesellschaftlichen Umgang mit Risiken.

Wie Eva Horn (2014) ausführlich argumentiert, sagen uns Katastrophen unmittelbar etwas über unsere Befürchtungen und Ängste. Katastrophenszenarien oder Dystopien können Spiegel unserer gesellschaftlichen Verfasstheit sein – zumindest deren negativen Seite. Mit anderen Worten: Unsere Ängste vor Apokalypsen können viel über die Gegenwart aussagen.

Viel diskutierte Katastrophen manifestieren sich tatsächlich eher selten. Das liegt einerseits daran, dass manche von vornherein wenig wahrscheinlich sind. Dass gentechnisch veränderte Ackerpflanzen die Menschheit vernichten könnten, wie etwa die sprichwörtlichen Killertomaten aus dem Science-Fiction-Film, ist wenig plausibel. (Dennoch werden heute wiederum dystopische Szenarien auf Basis der CRISPR/Cas9-Methode entworfen.[5]) Dass der *Gray Goo* die Welt verschlingt, ist wohl ebenso unplausibel. Hier ist eher interessant, wie solche Vorstellungen zustande kommen und worauf sie hindeuten, etwa auf ein weitverbreitetes und grundsätzliches Unbehagen mit den heutigen Bedin-

gungen der agrarischen Nahrungsmittelproduktion oder mit Hightech im Labor generell.

Andere angesagte Katastrophen treten nicht ein, weil einige Vernünftige in letzter Minute diese oder jene Option ziehen, um sie zu verhindern. Ein Beispiel ist das Verbot von FCKW – eine Maßnahme, die die Ozonkonzentration langfristig wieder auf eine erträgliche Höhe bringen könnte. Solcherart abgesagte Katastrophen haben aber Vorbildwirkung: Sie münden in Vorstellungen davon, was hätte passieren können, wenn nicht gerade noch einmal alles gut gegangen wäre, und dass so etwas Ähnliches immer wieder eintreten könnte, wenn man nicht rechtzeitig gegensteuert. Sie machen also aufmerksam und wirken so ihrer Wiederholung entgegen.

Nicht angesagte Katastrophen kommen hingegen meist schneller, als man es für möglich halten würde, und sind viel furchtbarer. Erstens kann man sich nicht rechtzeitig dagegen wappnen und zweitens stellt sich hinterher oft heraus, dass man es hätte wissen können oder zumindest Vorkehrungen hätte treffen können, um die Auswirkungen zu minimieren, hätte man nur die retrospektiv vorhandenen Signale vorher richtig

gedeutet. Dann wäre nämlich aus einer nicht angesagten womöglich eine prophezeite Katastrophe geworden – und damit vielleicht gar keine, weil man etwas dagegen getan hätte. Unter diese Technikkatastrophen fallen große Chemieunfälle wie etwa jene von Seveso 1976 oder von Bhopal 1984, aber auch von Tschernobyl 1986 oder Fukushima 2011.

Wie wandelt man also eine nicht angesagte in eine angesagte Katastrophe um? Oder genauer: Wie deutet man unklare Signale rechtzeitig? Hier kommt erneut die TA ins Spiel, und hier ist ihre Rolle viel wichtiger, allerdings auch undankbarer. Denn hier schlüpft sie in das Gewand der Kassandra, die davor warnt, was alles passieren könnte – jedoch gestützt auf zuverlässige wissenschaftliche Daten und plausible Argumente.

Eine potenzielle Katastrophe, die die TA jüngst bearbeitet hat, ist ein großflächiger und viele Tage andauernder Black-out, also Stromausfall. Die TA-Kollegen beim Deutschen Bundestag haben alle verfügbaren Informationen zusammengetragen und sind zum Schluss gekommen (Petermann et al. 2013): Ja, das ist möglich, und die Konsequenzen wären schon nach relativ kurzer Zeit katastrophal. Auch wir am ITA haben

---

5   time.com/4626571/crispr-gene-modifica-
     tion-evolution/.

vor zwei Jahren ein ähnliches Katastrophenszenario zum Ausgangspunkt einer TA-Studie genommen. Wir nannten es *digitaler Stillstand,* angenommen wurde also der Ausfall sämtlicher elektronischer Geräte aufgrund einer Cyberattacke, eines Sonnensturms oder einer Mikrowellenwaffe (Strauß / Krieger-Lamina 2017). Allerdings sind alle Daten und Argumente, die man zusammentragen kann, selten ganz eindeutig; zumindest lassen sie Interpretationsspielräume zu. Was also möglicherweise technisch bedingte bzw. zumindest irgendwie beherrschbare Katastrophen wie den menschlich-technisch hervorgerufenen Klimawandel oder vielleicht die Gestaltung unserer Zukunft mit künstlicher Intelligenz angeht, gerät TA wie jede wissenschaftliche Unternehmung in die Zwickmühle:

Soll sie dem eigenen Duktus folgend relativieren und unterschiedliche Szenarien ausbreiten, die gleichermaßen plausibel sind, und damit verschiedenen wissenschaftlichen Interpretationen Raum geben? Oder soll sie die Schwere der drohenden Katastrophe drastisch darstellen, um die Politik zum Handeln zu bewegen? Das IPCC, das *Intergovernmental Panel on Climate Change,* hat zeitweise den letzteren Weg gewählt, mit desaströsen Konsequenzen für dessen Glaubwürdigkeit, als es herauskam. Aber es gibt auch sehr prominente Warner aus der Technologiebranche, wenn es um KI geht, etwa Bill Gates oder Elon Musk, deren Glaubwürdigkeit noch ungebrochen scheint. Offensichtlich sind wissenschaftliche Tatsachen und ihre Interpretationen nicht unbedingt geeignete Aufmacher in der Boulevardpresse und sind damit in einer Gesellschaft, in der Politik nach Gesetzen der Aufmerksamkeitsökonomie funktioniert, eher chancenlos.

Kassandra ist bekanntlich gescheitert, wohl auch weil sie keinen Ausweg aus der drohenden Katastrophe hat weisen können. Nur warnen ist zu wenig, um politisch wirksam zu werden, wie Umweltbewegungen immer wieder haben feststellen müssen. TA bleibt nicht beim Warnen stehen, sondern kann begründete und durchführbare Alternativen anbieten, also vorbeugend wirken. In unserer Studie zum digitalen Stillstand sind wir zum Schluss gekommen, dass eine Reihe von Maßnahmen geeignet wäre, die mögliche Katastrophe zu verhindern oder zumindest einzudämmen und bewältigbar zu machen. Ein Beispiel ist das Abkoppeln der zeitlichen Synchronisierung der Kraftwerkssteuerung über GPS-Satelliten, da diese leicht ausfallen können. In vielen Fällen propagiert die TA gerne „... by Design"-Technik, Privacy by Design oder Security by Design, sprich das Mitdenken der Abwehr von Folgen in der Technologieentwicklung selbst. Sich etwas weniger Verwundbares für die zeitliche Synchronisierung von Kraftwerken als GPS-Signale einfallen zu lassen, wäre so ein Fall von Security by Design. Ein anderes Beispiel ist professionelles Katastrophenmanagement, wie es in Österreich etwa mit dem SKKM, dem Staatlichen Krisen- und Katastrophenmanagement, koordiniert durch das Innenministerium, implementiert ist – und in das übrigens auch ein ITA-Experte aktiv involviert ist.

Was aber, wenn diese Alternativen kein Gehör finden, wenn sie zu sehr in die Interessen wichtiger Player eingreifen, die Ruhe der BürgerInnen stören, auf unangenehmen Wahrheiten beruhen oder schlicht zu teuer sind? TA muss also ihre Sache offensiv vertreten. Wissenschaftliche Akribie und umfassende Recherche reichen nicht, Ausgewogenheit und Glaubwürdigkeit sind notwendige, aber keine hinreichenden Voraussetzungen für Erfolg. TA braucht Ansprechpartner nicht nur in der Wissenschaft, sondern vor allem auch in der Politik und in den Medien. TA muss also in zweierlei Hinsicht Bewusstsein schaffen: einerseits bezüglich der Notwendigkeit zu handeln und andererseits darüber, dass Handeln überhaupt möglich ist. Erst dann lassen sich mögliche Katastrophen vermeiden.

Nun ist eine Katastrophe ja nicht Schicksal, sie tritt nie mit Gewissheit ein. Ich habe vorhin schon darauf hingewiesen, dass Katastrophen mehr oder weniger wahrscheinlich sind, es also um Risiko geht. Nun sind Risiken zwar oft bestimmbar – klassischerweise als Schadenshöhe multipliziert mit der Eintrittswahrscheinlichkeit –, aber die Bestimmung ist nicht trivial. Nicht nur die Wahrscheinlichkeit, auch die Schadenshöhe ist unsicher und vor allem kontingent: Für manche ist der Schaden geringer, für andere höher, der Aufwand zur Verhinderung größer oder kleiner, das Risiko also jeweils akzeptabler oder nicht. Ein für alle verbindliches Maß des akzeptablen Risikos, das wissenschaftlich feststellbar wäre, gibt es nicht. Entscheidungen über Optionen, die die eine oder andere Möglichkeit der Schadensbegrenzung verfolgen, sind also zumindest teilweise Wertentscheidungen.

Jede Wissenschaft (mit Ausnahme der professionellen Ethik, die das zu ihrem Gegenstand macht) tut sich mit Wertentscheidungen einigermaßen schwer. Vielfach werden solche der Prärogative der Politik überlassen, die im Einzelfall damit aber auch überfordert ist. Ein Mittel, um aus diesem Dilemma herauszufinden, ist die Partizipation derjenigen, die von einer Entscheidung betroffen sind. Gleichzeitig ist Partizipation auch eine Möglichkeit, Sachverhalte und Handlungsoptionen in Erfahrung zu bringen, deren Kenntnis situatives und nicht unbedingt wissenschaftliches Wissen erfordert. Das heißt, es geht darum, Argumente zutage zu fördern, die die Entscheidungsfindung bereichern. TA setzt daher in den letzten Jahrzehnten verstärkt auf Verfahren, die Partizipation in verschiedenen Formen gewährleisten. Damit ist sie in guter Gesellschaft: Immerhin fördert die EU-Kommission partizipative Verfahren unter der Überschrift RRI, also *Responsible Research and Innovation*. Partizipation ist mittlerweile also im Mainstream der Forschung angekommen – nicht nur in Fragen der Verhinderung möglicher Katastrophen, sondern auch in der Technikgestaltung: Technik soll eben möglichst frühzeitig so beeinflusst werden, dass Katastrophen von vornherein höchst unwahrscheinlich werden.

Ich ziehe somit mein Fazit: TA hat also ganz unterschiedliche Aufgaben bei der Verhinderung von Katastrophen: Einerseits hilft sie, die Kirche im Dorf zu lassen und unbegründete Katastrophenprophezeiungen als das zu kennzeichnen, was sie sind. Andererseits vermittelt sie Wissen aus der Abwehr vergangener Bedrohungen, die noch einmal gut gegangen sind. Schließlich spielt sie häufig die warnende Kassandra – dies aber stets in konstruktiver Weise, indem Möglichkeiten für die Abwehr einer Katastrophe skizziert werden. Dabei geht es nicht nur um die objektive Bestimmung des Risikos, sondern vielmehr um einen gesellschaftlichen Ausgleich unter Berücksichtigung unterschiedlicher Interessen und Werthaltungen. Dies wird erleichtert durch die Einbeziehung von Stakeholdern und Betroffenen. All das kann TA aber nur leisten, wenn sie den nötigen Rückhalt hat – in der Wissenschaft, in der Politik und in der Öffentlichkeit.

Ich möchte noch ein kurzes Postskriptum anfügen, weil wir jetzt so lange über Katastrophen gesprochen haben: Lieber als mit potenziellen Katastrophen, also den extremsten vorstellbaren negativen Folgen, beschäftigt sich die TA nämlich mit positiven Zukunftsvisionen. Es gibt eine Reihe von Methoden, in der Regel partizipativer Art, die Visionen produzieren. Diese werden dann in sogenannten *Vision Assessments* untersucht und produktiv gemacht. Am ITA haben wir etwa die CIVISTI-Methode mit- und weiterentwickelt (Sotoudeh/Gudowsky 2017). CIVISTI steht für *Citizens' Visions on Science, Technology and Innovation.* Gleichsam im „Ping-Pong" erstellen BürgerInnen in einem kontrollierten Setting Zukunftsvorstellungen, die dann von ExpertInnen auf ihre Realitätsnähe und Umsetzbarkeit hin untersucht und wieder an die BürgerInnen zurückgespielt werden. Was dabei herauskommt, kann sehr hilfreich für die Politik sein. Konkret hat die europäische Forschungspolitik diese Visionen in Calls verpackt. In anderen Projekten sprechen wir von Backcasting. Wir versuchen, für als erwünscht erkannte zukünftige Entwicklungen (also Szenarien, Visionen) jene Handlungen in der Gegenwart zu identifizieren, die uns ihrer Realisierung näher bringen,

etwa auf dem Weg zu einer nachhaltigen Energieversorgung (Wächter et al. 2012). Sozusagen die Vermeidung von Katastrophen auf den Kopf gestellt.

Und mit dieser positiven Note im Rahmen eines „Abends der Katastrophen" danke ich Ihnen für Ihre Aufmerksamkeit und freue mich auf die Diskussion.

ZITIERTE LITERATUR

Brundage, M. et al., 2018, *The Malicious Use of Artificial Intelligence: Forecasting, Prevention, and Mitigation;* Report, February: Future of Humanity Institute; University of Oxford; Arizona State University.

Drexler, K. E., 1986, *The Engines of Creation. The Coming Era of Nanotechnology,* New York: Anchor Books.

Horn, E., 2014, *Zukunft als Katastrophe,* Frankfurt am Main: S. Fischer.

Perrow, C., 1987, *Normale Katastrophen – Die unvermeidbaren Risiken der Großtechnik,* Frankfurt: Campus.

Petermann, T., Bradke, H., Lüllmann, A., Poetzsch, M. und Riehm, U., 2013, *Was bei einem Blackout geschieht. Folgen eines langandauernden und großflächigen Stromausfalls,* 2. Aufl., Baden-Baden: Nomos.

Sotoudeh, M. und Gudowsky, N., 2017, *CIVISTI – A forward-looking method based on citizens' visions.* Special Issue ,Participatory Methods for Information Society', Public Philosophy & Democratic Education 5(2), 73–86.

Strauß, S. und Krieger-Lamina, J., 2017, *Digitaler Stillstand: Die Verletzlichkeit der digital vernetzten Gesellschaft – Kritische Infrastrukturen und Systemperspektiven.* Projekt-Endbericht, Nr. ITA 2017-01, 2017-03-31, Wien, epub.oeaw.ac.at/ita/ita-projektberichte/2017-01.pdf (abgerufen am 22. 3. 2019).

Wächter, P., Ornetzeder, M., Rohracher, H., Schreuer, A. und Knoflacher, M., 2012, *Towards a Sustainable Spatial Organization of the Energy System: Backcasting Experiences from Austria.* Sustainability 4(2), 193–209, mdpi.com/2071-1050/4/2/193/ (abgerufen am 22. 3. 2019).

MICHAEL NENTWICH

Derzeitige Position

– Direktor am Institut für Technikfolgen-Abschätzung der ÖAW

Arbeitsschwerpunkte

– Technikfolgenabschätzung international und national
– Internet und sein Einfluss auf Gesellschaft und Wissenschaft

Ausbildung

2004	Habilitation in Wissenschafts- und Technikforschung an der Universität Wien
1995	Promotion zum Dr. iur.
1989–1990	Postgraduate-Studium „Europarecht" am Europa-Kolleg, Brügge
1988	Sponsion zum Mag. iur.
1983–1989	Studium der Handelswissenschaften an der Wirtschaftsuniversität Wien
1982–1989	Studium der Politikwissenschaft und Rechtswissenschaften an der Universität Wien

Werdegang

Seit 2013	Mitglied der ÖAW-Kommission „Nachhaltige Mobilität"
2011–2015	Stellvertretender Vorsitzender der InstitutsdirektorInnenkonferenz der ÖAW
Seit 2006	Direktor am Institut für Technikfolgenabschätzung der ÖAW
1998/99	Gastwissenschaftler am Max-Planck-Institut für Gesellschaftsforschung in Köln
1996–2005	Wissenschaftlicher Mitarbeiter des ITA, hauptsächlich im Bereich „Informationsgesellschaft"
1994/95	Research Fellow an der University of Warwick und der University of Essex (England)

Weitere Informationen zum Autor sowie zur Liste der Veröffentlichungen finden Sie unter:
https://www.oeaw.ac.at/ita/das-ita/ita-team/d/michael-nentwich/